# RECHERCHES
# D'ANATOMIE COMPARÉE

PAR

M. E. BAUDELOT

PROFESSEUR DE ZOOLOGIE A LA FACULTÉ DES SCIENCES DE STRASBOURG



## *De la détermination homologique d'une branche du nerf pathétique chez le merlan.*

Chez tous les vertébrés étudiés jusqu'ici, le nerf pathétique s'est toujours présenté comme un nerf simple à son origine. Une exception des plus curieuses à cette règle m'a été offerte par le merlan.

Lorsqu'on examine avec attention le nerf pathétique de ce poisson, on voit naître tout près de son point d'émergence une branche de bifurcation qui se porte en haut et en dedans entre le lobe optique et la base du cervelet. En poursuivant cette branche avec précaution, on la voit bientôt pénétrer dans l'intérieur de ces tubercules situés au fond du lobe optique, tubercules considérés par divers auteurs comme des corps quadrijumeaux, mais qui en réalité ne sont autre chose qu'un repli antérieur de la lame du cervelet. Après avoir excisé la paroi supérieure de ces tubercules de manière à mettre à nu la cavité intérieure, on reconnaît sans peine à l'aide d'un faible grossissement (3 à 4 diamètres) que la branche en question se ramifie dans l'épaisseur d'un prolongement de la pie-mère faisant suite à celle qui recouvre la face supérieure du cervelet. Ces ramifications se portent en avant et quelques-unes d'entre elles m'ont paru s'anastomoser avec des filets semblables provenant du nerf du côté opposé.

Quelle peut être la signification de cette branche ?

On sait qu'après sa sortie du canal vertébral, chaque nerf spinal se partage en deux branches principales, l'une antérieure d'où émane le rameau intermédiaire, l'autre postérieure. Parmi les nerfs qui naissent du bulbe, quelques-uns (trijumeau et pneumogastrique) présentent une disposition tout à fait analogue à celle des nerfs spinaux, mais là déjà apparaissent dans le mode de distribution des branches postérieures certaines variations qu'il importe de signaler.

Chez les gades, les branches postérieures des nerfs trijumeau et pneumogastrique sont très-développées; celle du trijumeau, après s'être anastomosée à l'intérieur du crâne avec celle du pneumogastrique, traverse la voûte crânienne et, sous le nom de *nerf latéral du trijumeau*, va s'anastomoser le long du dos avec les extrémités des branches postérieures des nerfs spinaux.

Dans d'autres types (brochet, cyprins etc.) ces branches postérieures des nerfs trijumeau et pneumogastrique existent encore, mais leur importance devient beaucoup moindre : au lieu d'aller, après un long trajet, s'anastomoser avec les nerfs spinaux, elles se réduisent à de simples filets nerveux qui se distribuent *dans les enveloppes du cerveau* et dont quelques-uns seulement traversent les parois du crâne pour aller se perdre aussitôt dans la peau.

Chez un certain nombre de poissons enfin, les branches postérieures des nerfs en question peuvent perdre davantage encore de leur importance, au point même de disparaître complétement. Ainsi, d'après Stannius, il n'y aurait pas trace de rameau postérieur du pneumogastrique chez les *Scomber*, *Pleuronectes*, *Rhombus*, *Salmo*, *Coregonus*, *Ammodytes*, *Clupea*, *Silurus* etc.

Ces faits nous permettent de comprendre aisément quelle est la nature de la branche postérieure du nerf pathétique chez le merlan. Cette branche, qui se distribue dans les enveloppes du cerveau, est évidemment l'homologue des branches postérieures rudimentaires des nerfs trijumeau et pneumogastrique; elle est par conséquent l'homologue des branches postérieures des nerfs spinaux. Cette branche, il est vrai, n'existe que d'une manière tout à fait exceptionnelle, mais cela n'a rien qui doive nous surprendre, puisque nous avons vu que dans beaucoup de poissons la branche postérieure du pneumogastrique peut aussi avorter complétement.

---

*Observation relative à la pièce scapulaire des silures.*

Chez les silures il n'existe, comme on le sait, qu'une seule pièce représentant à la fois les os scapulaire et sur-scapulaire. De cette pièce naît une longue tige, qui descend vers l'occipital basilaire et s'y fixe au moyen de tissu tendineux.

Laissant de côté la question de savoir si la pièce scapulaire unique est le résultat de la soudure des deux pièces normales ou seulement de l'atrophie de l'une d'elles, je me propose d'établir ici quelle est la nature de cette apophyse toute particulière qui unit le scapulum avec la portion basilaire de l'occipital.

Dans les nombreux écrits relatifs à l'anatomie des poissons, je ne sache pas que l'on ait signalé jusqu'ici, je ne dirai pas comme un fait général, mais même à titre de fait particulier, l'existence d'un ligament entre la ceinture scapulaire et le corps des vertèbres. Que l'on ait attaché à ce fait trop peu d'importance pour en faire mention, cela est possible ; ce qu'ici je tiens seulement à constater, c'est que le ligament en question existe d'une manière constante ; je l'ai rencontré dans tous les poissons osseux, soit acanthoptérygiens, soit malacoptérygiens, que j'ai eu l'occasion d'étudier. Il se montre sous l'aspect d'un petit cordon, d'un blanc nacré, à contours parfaitement délimités, descendant obliquement du scapulum soit vers le corps de la première vertèbre, soit vers l'occipital basilaire. Je lui donnerai le nom de ligament *scapulo-vertébral*.

Ce ligament offre dans son mode d'insertion quelques différences qu'il importe de signaler.

Chez la lotte, il s'attache en dehors à l'extrémité supérieure de l'os huméral et au bord postérieur du scapulum ; en dedans il s'insère sur le corps de la première vertèbre.

Chez le *Trigla pini,* son extrémité externe passe dans une échancrure du bord supérieur de l'huméral pour s'attacher ensuite à la face interne du scapulum ; son extrémité opposée se fixe non plus sur le corps de la première vertèbre, mais sur l'occipital basilaire, tout près de son bord postérieur. Une disposition à peu près semblable se voit chez la perche.

Dans la carpe, l'insertion du ligament scapulo-vertébral se

fait, d'une part, sur le bord interne de l'huméral et sur la portion adjacente du scapulum; d'autre part, vers le milieu du corps de l'occipital basilaire.

L'énoncé de ces faits suffirait à lui seul pour nous dispenser de toute autre explication. Il est évident, en effet, que l'apophyse scapulaire des silures n'est autre chose que le ligament scapulo-vertébral ossifié. Si aux preuves fournies par les connexions il me fallait en ajouter d'autres, je dirais que chez un jeune *Silurus glanis* (25 centimètres de longueur environ) j'ai vu cette apophyse présenter encore l'aspect nacré des ligaments dans sa portion inférieure; sur ce même silure je n'ai point trouvé ailleurs de traces du ligament scapulo-vertébral.

Cette ossification du ligament scapulo-vertébral chez les silures peut du reste s'expliquer aisément par le fait même de l'immobilité de l'épaule, immobilité résultant des adhérences intimes qui s'établissent entre cette partie du squelette et l'extrémité des premiers arcs vertébraux.

Une réflexion servira de conclusion à ce court exposé. Lorsqu'il s'agit de l'étude du squelette, on se préoccupe fort peu en général de celle des ligameuts. C'est là une omission regrettable. Lorsque deux systèmes organiques ont entre eux des relations aussi étroites que le système osseux et le système ligamenteux, lorsque surtout les éléments appartenant à l'un de ces systèmes peuvent revêtir accidentellement les caractères de l'autre, étudier l'un sans tenir compte de l'autre, c'est vouloir en maintes circonstances se créer de très-sérieux embarras. En morphologie il n'y a point de détails insignifiants, chaque fait, si minime qu'il puisse être, portant toujours en soi le germe d'une explication pour d'autres faits d'une importance souvent très-considérable.

---

## *Observations sur le rocher des poissons.*

Le rocher, d'après la dénomination employée par Cuvier, est un petit os de structure lamelleuse, qui, dans le crâne de la perche, se trouve placé sur la limite du mastoïdien, de la grande aile et de l'occipital latéral.

Cette pièce a reçu des divers auteurs qui se sont occupés de l'étude du crâne des poissons les noms suivants : *grande aile du sphénoïde* (Bakker); *rupéal* (Geoffroy-Saint-Hilaire); *Felsenbein* (Meckel et Oken); *rocher rudimentaire* (Agassiz); *pétrosal* (Owen); *os pétreux* (Siebold et Stannius); *os innominatum* (Hallemann).

Si nous faisons abstraction de l'expression de Hallemann, qui indique de la part de l'auteur l'intention de ne point se prononcer, et de celle de Bakker, fondée sur une détermination évidemment erronée, on voit que les termes employés par les autres anatomistes sont tous des synonymes de celui de rocher. De cette similitude d'expressions il ne faudrait point conclure cependant à un accord complet dans la manière de voir des auteurs qui en ont fait usage. Tandis, en effet, que pour Cuvier le rocher est un os particulier, Owen n'y voit qu'une partie ossifiée et devenue extérieure de la tunique externe du labyrinthe; Siebold et Stannius le considèrent comme une portion du mastoïdien divisé en deux.

Une étude attentive du crâne des poissons m'ayant fourni l'occasion de constater plusieurs faits importants relativement à cette pièce, je me propose de les faire connaître aujourd'hui.

Cuvier, en parlant du rocher dans son *Histoire naturelle des poissons* (t. I, p. 224), s'exprime ainsi : «Souvent il manque entièrement, comme dans le brochet, la carpe et l'anguille.» Siebold et Stannius expriment une semblable opinion. Il y a là une erreur qu'il importe de rectifier tout d'abord. Chez le brochet, chez la carpe, chez tous les cyprins, le rocher existe, il y existe comme pièce parfaitement distincte, mais dans un endroit du crâne où sa présence n'a point été soupçonnée.

Chez le brochet, il consiste en une petite pyramide osseuse, aplatie, dont la base s'articule avec la crête externe de l'occipital latéral, et dont le sommet, dirigé en arrière, fournit un point d'attache à la branche inférieure du sur-scapulaire. Il n'est en rapport ni avec le mastoïdien ni avec la grande aile, dont il se trouve séparé par un large intervalle.

Chez la carpe, le nase, la chevaine, la tanche, la brème etc., le rocher n'est pas moins apparent, mais sa disposition est tout autre. Chez la tanche, par exemple, il est représenté par une petite lame osseuse à contour irrégulièrement quadrilatère, placée à l'extrémité supérieure de la crête de l'occipital latéral, entre ce dernier os et la pointe du mastoïdien. Le point qu'il occupe est tellement élevé qu'il arrive presque à se trouver compris daus la voûte même du crâne. Il n'a de rapports qu'avec le mastoïdien et l'occipital latéral; il est séparé de la grande aile par toute la largeur de la fosse profonde qui existe au-dessous du mastoïdien.

Reste maintenant à démontrer que les pièces que je viens de décrire sont bien en réalité les équivalentes de l'os pétreux de la perche. Pour cela, je m'appuierai sur le principe des connexions.

Les connexions essentielles du rocher des poissons me paraissent avoir été méconnues jusqu'ici. Induits en erreur par la disposition que cette pièce affecte chez les gades, où elle recouvre une portion très-étendue de la grande aile, du mastoïdien, du sphénoïde et de l'occipital basilaires, les anatomistes semblent s'être préoccupés trop exclusivement de ces rapports. D'autres rapports, d'une importance beaucoup plus réelle, tels que ceux du rocher avec l'os sur-scapulaire et avec l'occipital latéral, ou bien sont restés inaperçus ou bien n'ont pas fixé l'attention d'une manière suffisante. Il est aisé pourtant de se convaincre que ce sont là les seuls dont il faut tenir compte lorsqu'il s'agit de la détermination du rocher.

Que l'on prenne un crâne de perche, de lotte, de morue, de brochet, d'alose, de saumon, de cyprin etc., on verra le rocher affecter les formes et les rapports les plus différents, on le verra s'unir tour à tour avec l'occipital basilaire, la grande aile, le sphénoïde basilaire, le mastoïdien; mais tous ces rapports ne sont qu'accessoires et peuvent disparaître successivement; au contraire, les rapports avec l'occipital latéral et avec la branche inférieure du sur-scapulaire ne font jamais défaut. Chez les cyprins même où la branche inférieure du sur-scapulaire a disparu, les rapports du rocher avec le sur-scapulaire n'en existent pas moins, le second de ces os s'appuyant directement sur le premier par sa face inférieure.

En présence de ces faits, de ces déplacements si considérables du rocher, de son passage dans la région supérieure du crâne, de ses rapports constants avec la ceinture scapulaire, il est permis de demander si cette pièce doit être considérée véritablement comme l'homologue du rocher des vertébrés supérieurs; elle présente tous les caractères d'un appendice extérieur de l'arc occipital.

---

### *Considérations sur les premières vertèbres des Cyprins, des Loches et des Silures.*

Une des particularités les plus intéressantes du squelette des poissons consiste dans la chaîne d'osselets qui chez les cyprins, les loches et les silures, établit une communication entre l'extrémité antérieure de la vessie natatoire et l'appareil de l'audition.

Rosenthal [1] est le premier qui ait constaté l'existence d'osselets d'une forme particulière sur les côtés des premières vertèbres de la carpe; il en donna des dessins exacts; mais ses observations restèrent fort incomplètes: plusieurs pièces importantes échappèrent à son attention, et il n'aperçut pas les rapports qui existent entre les osselets en question et l'organe de l'ouïe. C'est à Ernest-Henri Weber que revient l'honneur de cette dernière découverte. Le premier il signala chez les cyprins, les loches et les silures, l'existence d'une série complète de petites pièces osseuses, reliées les unes aux autres et disposées comme une chaîne mobile entre l'extrémité antérieure de la vessie natatoire et la cavité auditive. Il décrivit ces pièces avec beaucoup de soin, et, se fondant sur leurs rapports avec l'appareil auditif, il crut pouvoir les considérer comme de véritables osselets de l'ouïe. Il leur donna en conséquence les noms de: *malleus* (marteau), *incus* (enclume), *stapes* (étrier), *claustrum* [2].

La découverte de Weber eut du retentissement, mais bientôt aussi elle trouva des contradicteurs. E. Geoffroy Saint-Hilaire, auquel des vues théoriques avaient fait considérer déjà les pièces de l'opercule comme les homologues des osselets de l'oreille, ne pouvait surtout y rester indifférent. Il

[1] *Ichthyotomische Tafeln von Friedrich Rosenthal* (Berlin 1812).
[2] Weber, *De aure et auditu hominis et animalium*. Lipsiæ 1820.

étudia la question et, prenant pour guide le principe des connexions, il en vint à conclure qu'il ne voit là autre chose que des périaux ou que des épiaux (c'est-à-dire des portions d'arcs supérieurs) de la première, de la seconde et de la troisième vertèbre[1]. Il ne donna, du reste, aucune démonstration du fait qu'il avançait, et tout porte à croire qu'il n'avait sur la nature particulière de chacune de ces petites pièces que des opinions très-peu arrêtées, car il est dit ailleurs dans un rapport de Cuvier : « Quant aux petits os placés en arrière du crâne de la carpe et du silure, M. Geoffroy établit que ceux que M. Weber nomme le marteau et l'enclume, sont en réalité les *côtes* appartenant à la deuxième et à la première vertèbre, un peu dérangées de leur direction ordinaire par les tiraillements que produisent à leur égard les mouvements alternatifs de la vessie natatoire[2].

Meckel paraît s'être rattaché à l'opinion de Weber, car il dit, dans son *Anatomie comparée:* « La position et les connexions de ces os militent en faveur de cette opinion. »

En 1831 paraît dans le *Journal des sciences naturelles* de Hall, Vrolick et Mulder[3], un mémoire de Saagman Mulder ayant pour titre : « *Des osselets qui se trouvent en rapport avec les premières vertèbres chez les cyprins*[4]. »

L'auteur de ce travail paraît avoir eu surtout en vue d'étudier les osselets en question au point de vue de leur rapport avec l'organe de l'ouïe. Après s'être assuré, dit-il, de la similitude de ces pièces chez un certain nombre de types, tels que: *Cyprinus carpio*, *Barbus*, *Gobio*, *Tinca*, *Brama*, *Blicca*, *Dobula*, *Leuciscus*, il prend la carpe comme exemple et décrit

[1] *Ann. sc. nat.*, 1824. Selon Geoffroy, toute vertèbre doit être considérée comme étant composée de neuf pièces, savoir : une pièce centrale ou le corps vertébral (cycléal), quatre pièces supérieures (deux périaux et deux épiaux) pour enceindre le système médullaire, et quatre pièces inférieures (deux paraaux et deux cataaux) pour enceindre le système sanguin.

[2] *Mém. de l'Acad. roy. des sciences de l'Inst. de France*, t. VII, 1827; *Analyse des travaux de l'Acad. roy. des sciences pendant l'année* 1824, par Cuvier, p. clxvij.

[3] *Bijdragen tot de natuurkundige Wetenschappen*, verzameld door van Hall, Vrolick en Mulder, 1831.

[4] *Jets aangaande de beentjes, die men bij de Cyprini aan de eerste wervels verbonden vindt*, p. 84.

avec un soin minutieux la forme et les rapports de chaque osselet. Il arrive à cette conclusion : que les osselets des cyprins lui paraissent être les mêmes précisément que les osselets de l'ouïe des animaux supérieurs, et que la vessie natatoire peut être regardée comme identique avec la membrane du tympan[1]. Cependant, quelques pages plus loin, en parlant du mode de composition des premières vertèbres, il essaie d'interpréter les osselets de Weber en les considérant comme une dépendance des deux premiers corps vertébraux; mais ses tentatives ne sont pas heureuses; il regarde le marteau et l'enclume de Weber comme des côtes, et il semble considérer l'étrier comme une apophyse transverse de la première vertèbre.

Breschet, dans ses *Recherches anatomiques et physiologiques sur l'organe de l'ouïe des poissons* (1838)[2], semble accepter en tout point l'opinion de Weber relativement aux osselets qui s'attachent aux premières vertèbres des cyprins, des loches et des silures. Il n'entre dans aucun détail au sujet de ces pièces, qui, dit-il, ont été décrites par Weber avec une parfaite exactitude.

Les *Leçons d'anatomie comparée* de G. Cuvier et Duvernoy (1846)[3] renferment quelques passages relatifs aux osselets de Weber, mais sans aucun essai d'interprétation.

La question n'est pas discutée davantage dans le grand ouvrage de Cuvier et Valenciennes sur les poissons. Dans sa description de la carpe, M. Valenciennes paraît considérer les osselets de Weber comme des os spéciaux.

En présence de ces écrits, de ces appréciations si peu concordantes, j'ai songé à reprendre l'étude des osselets de Weber, afin de déterminer avec plus de certitude qu'on ne l'avait fait jusqu'ici la signification de chacune de ces pièces. Les résultats auxquels je suis arrivé diffèrent complétement de

[1] *Want de beentjes, die hier deze verrigting schijnen uit te oefenen, komen mij voor, evenmin dezelfde te zijn met de gehoorbeentjes der hoogere dierklassen, als de zwemblaas voor identisch met het trommelvlies te houden is.*

[2] *Mémoires* présentés par divers savants étrangers à l'Acad. roy. des sciences de l'Institut de France, 1838, p. 607.

[3] *Leçons d'anatomie comparée*, par G. Cuvier et Duvernoy, 1846, 2e édit., t. VIII, p. 721 et 722.

tous ceux qui ont été apportés antérieurement; comme ils me paraissent de nature à satisfaire les esprits les plus rigoureux, je pense qu'il ne sera pas sans intérêt de les faire connaître.

Avant d'aborder le champ de la discussiou, je crois nécessaire d'entrer dans quelques détails relativement au mode de conformation des premières vertèbres chez les cyprins. Je prendrai la carpe comme exemple.

Lorsqu'on examine la colonne vertébrale par sa face inférieure et en procédant d'avant en arrière, on aperçoit d'abord une première vertèbre dont le corps est très-aplati dans le sens antéro-postérieur. A la suite de celle-ci en vient une seconde, dont le corps égale au moins trois fois en épaisseur celui de la première; puis une troisième, dont le volume est à peu près le même que celui de la seconde. Les vertèbres qui viennent ensuite se rapprochent de la troisième par leurs dimensions.

Les osselets de Weber se trouvent implantés sur les deux premiers corps vertébraux seulement. Pour bien faire comprendre la nature de ces pièces, il est bon de rappeler les changements qui s'opèrent dans la forme et la disposition des arcs vertébraux.

Les arcs supérieurs varient peu de forme dans toute l'étendue de la colonne vertébrale; mais il n'en est pas de même des arcs inférieurs. Après avoir présenté la forme d'un anneau dans la région caudale, ces arcs se modifient considérablement dans la région abdominale. Leurs branches, destinées à supporter les côtes, s'écartent l'une de l'autre, se raccourcissent peu à peu et finissent par se réduire à l'état de simples tubercules articulaires. Au niveau de la troisième vertèbre, les côtes disparaissent subitement, l'arc inférieur reprend un volume considérable en même temps qu'il subit dans sa forme des changements importants à signaler. Chacune des branches de cet arc, au lieu de rester simple, se partage à son origine en deux branches secondaires: l'une externe, l'autre interne. La branche externe se porte en bas et un peu en dehors; elle est très-forte et s'effile graduellement vers sa pointe. La branche interne, un peu moins développée que la précédente, descend d'abord obliquement en arrière, puis tout à coup elle change de direction, elle se tord sur elle-même, s'aplatit, et se porte directement en dedans pour venir se souder sur la ligne médiane avec la branche correspondante du côté opposé. De l'union de ces deux branches résulte une sorte de cloison verticale ($x$), sur la face postérieure de laquelle s'applique l'extrémité antérieure de la vessie natatoire. Sauf ces changements dans la disposition de son arc inférieur, la troisième vertèbre n'offre rien de particulier, et l'on y retrouve sans peine tous les éléments constitutifs de la vertèbre en même nombre qu'à l'état normal.

Si nous passons à la vertèbre suivante, la seconde par conséquent, nous allons nous trouver en face de difficultés plus sérieuses. Le corps de cette vertèbre présente la forme d'un double cône, comme celui des vertèbres en général, mais il supporte un certain nombre d'appendices variés, dont il semble au premier abord impossible de pouvoir se rendre compte conformément au type de la vertèbre. Ces parties appendiculaires se trouvent étagées sur trois rangs, un inférieur, un moyen, un supérieur, dont chacun comprend deux pièces placées l'une derrière l'autre. Les osselets de la rangée inférieure sont en rapport avec la moitié inférieure du corps vertébral, ils font suite à la série des arcs inférieurs. Ceux de la rangée moyenne occupent la face supérieure du corps vertébral, ils semblent être la continuation des arcs supérieurs sur la ligne desquels ils se trouvent placés. Enfin, les os du rang le plus élevé n'ont plus aucun point de contact avec le corps vertébral, ils occupent la limite supérieure de la rangée moyenne.

Arrêtons-nous un instant sur chacune de ces pièces et commençons par celles de la rangée inférieure[1].

La première pièce ($a^2$) de la rangée inférieure est une longue et forte apophyse dirigée transversalement et intimement soudée au corps vertébral, près du bord antérieur de celui-ci.

La pièce qui vient ensuite ($a^3$), *malleus* de Weber, diffère beaucoup de la précédente. Sa forme générale est à peu près celle d'un croissant, dont la concavité, tournée en dedans, porte une sorte de tête articulaire susceptible de se mouvoir sur le corps vertébral. L'angle antérieur de ce croissant passe

[1] Pour faciliter la description, je désignerai chaque pièce par une lettre affectée d'un exposant. La nature de la lettre indique à quelle série d'appendices, et son exposant à quel rang de vertèbre elle appartient.

au-dessus de la base de l'apophyse ($a^2$), il donne attache à un petit tendon nacré, qui adhère par son autre extrémité au premier osselet ($A^2$) de la rangée moyenne. L'angle postérieur se trouve masqué par la branche externe de bifurcation de l'arc inférieur de la troisième vertèbre. Son sommet se recourbe en dedans pour venir se placer en arrière de la cloison ($x$) et s'attacher à la tunique fibreuse de la vessie natatoire.

Les deux pièces de la rangée moyenne diffèrent beaucoup l'une de l'autre. La pièce antérieure ($A^2$), *incus* de Weber, très-petite, comparativement à la seconde ($A^3$), est un osselet extrêmement grêle, dont la base s'articule librement dans une petite dépression du corps vertébral. Cette pièce se partage dès son origine en deux branches inégales, l'une horizontale, l'autre verticale. La première est la plus longue, elle se dirige en avant et un peu en dehors, et son sommet adhère au petit tendon que nous avons dit s'attacher à l'angle antérieur du marteau. La branche postérieure s'applique par son extrémité sur le bord antérieur du second os ($A^3$) de la même rangée. Ce dernier os se présente sous l'aspect d'une lame assez épaisse, irrégulièrement quadrilatère. Son bord inférieur s'unit par une large surface articulaire avec la face supérieure du corps vertébral; son bord postérieur est en rapport avec l'arc supérieur de la troisième vertèbre. Son bord antérieur présente une forte échancrure, en arrière de laquelle s'appuie la branche verticale de l'enclume; son bord supérieur enfin est en rapport avec les os de la troisième rangée. Cette pièce concourt en grande partie à la formation du canal vertébral, tandis que l'enclume n'y prend aucune part.

Les os de la troisième rangée ($I^2$ et $I^3$) sont très-développés, surtout le second. Ils sont impairs l'un et l'autre et placés sur la ligne médiane. L'antérieur ($I^2$) s'avance au-dessus de la première vertèbre, il consiste en une lame épaisse, recourbée inférieurement en manière de tuile pour compléter la fermeture du canal vertébral; sa face supérieure est libre et voûtée en dos d'âne; son bord antérieur, libre également, présente une petite échancrure médiane; son bord postérieur s'articule avec le second os de la même rangée; ses bords latéraux se trouvent en rapport de chaque côté avec un petit osselet (I), *claustrum* de Weber, et plus en arrière avec l'angle antéro-supérieur de la pièce postérieure de la rangée moyenne ($A^3$).

Quant au second osselet ($I^5$) de cette troisième rangée, il offre une disposition qui rappelle celle de l'os précédent, il sert comme lui à compléter le canal vertébral, et présente à sa base la forme d'une gouttière renversée; mais du milieu de sa face supérieure on voit se détacher une apophyse lamelleuse énorme, qui va en s'élargissant de la base au sommet, et s'élève jusqu'à la hauteur de l'apophyse épineuse de la quatrième vertèbre. Dans sa portion basilaire, cet osselet s'articule, en avant avec le bord postérieur du premier osselet de la même rangée, en arrière avec le bord antérieur de l'apophyse épineuse de la troisième vertèbre, et sur les côtés avec le bord supérieur du second os de la rangée moyenne. Par le rôle qu'ils jouent dans la fermeture du canal vertébral, ces osselets de la troisième rangée ressemblent donc entièrement à de véritables intercruraux.

Je passe maintenant à la première vertèbre.

Le corps de cette vertèbre est très-aplati. Dans sa moitié inférieure et sur les côtés on aperçoit une très-courte apophyse ($a$), qui se trouve placée immédiatement au devant de l'apophyse ($a^2$) appartenant à la seconde vertèbre. Cette apophyse rudimentaire fait suite à la série des arcs inférieurs correspondants.

Dans sa moitié supérieure, le corps vertébral supporte de chaque côté une petite pièce (A) fort intéressante, le *stapes* (étrier) de Weber. Pour s'en faire une idée, il suffit de se représenter l'osselet ($A^2$), *incus*, avec une branche antérieure très-élargie et disposée en forme de cupule ou de petit cône à concavité tournée en dedans. Cette pièce est supportée par un court pédicule, qui se meut librement dans une petite dépression de la face supérieure du premier corps vertébral. Du sommet du petit cône part un ligament nacré, dont l'autre extrémité s'insère au sommet de la branche externe de l'enclume et se continue en ligne droite avec le ligament qui prend naissance à l'angle antérieur du marteau. Du bord postérieur de ce même cône se détache une courte apophyse, qui semble correspondre à la branche verticale de l'enclume et qui se met en rapport avec la pièce ($A^2$).

Chaque étrier, par les bords de sa branche infundibuliforme, se trouve en rapport avec un petit osselet (I) également en forme de cône creux, mais dont le sommet, dirigé en dedans et en haut, va s'unir avec le bord inférieur de la pièce ($I^2$). Cet osselet (I) est le *claustrum* de Weber. Sa base s'applique contre celle du cône formé par le *stapes*, et il en résulte une petite chambre biconique. Mais cette chambre n'est pas fermée complétement; en avant, les bords des deux cônes cessent d'être en contact, il reste entre eux une petite ouverture elliptique, qui s'applique sur une ouverture correspondante située sur la face supérieure de l'occipital basilaire et qui communique avec la cavité auditive.

En étudiant la troisième vertèbre de la carpe, nous y avons retrouvé aisément tous les éléments normaux de la vertèbre, c'est-à-dire un corps, un arc supérieur formé de deux branches soudées entre elles, et un arc inférieur composé de deux branches écartées l'une de l'autre et bifurquées.

La composition de la seconde vertèbre n'est plus aussi simple à démêler; nous y trouvons d'abord un corps d'aspect normal, dont chacune des faces est creusée d'une cavité conique très-profonde; mais sur ce disque central s'insèrent des pièces appendiculaires $a^2$, $a^3$, $A^2$, $A^3$, dont le nombre (indépendamment des pièces $I^2$, $I^3$, qui n'entrent pas en connexion immédiate avec la vertèbre, mais que l'on peut regarder comme des os intercruraux) s'élève au double du chiffre normal. Au lieu de quatre branches, le corps de la seconde vertèbre en posséderait donc huit.

Pour échapper à cette conclusion inadmissible d'après le principe même des connexions invoqué par Geoffroy, il n'y a, semble-t-il, qu'un seul moyen: c'est de considérer comme des pièces particulières les quatre osselets désignés par M. Weber sous les noms de *marteau* et d'*enclume;* car de cette manière la seconde vertèbre se trouverait ramenée au type normal[1]. J'ai beau examiner, combiner ces petits osselets que je vois chez la carpe, le type étudié par Weber et par Geoffroy, il m'est impossible d'arriver à d'autres résultats.

Mais si, au lieu de nous borner à l'observation de ce seul type, nous examinons d'autres cyprins, le nase en particulier, l'embarras disparaît, et nous voyons que toute la dif-

[1] Si l'on considérait le marteau et l'enclume comme des côtes, la seconde vertèbre se trouverait pourvue de deux paires de côtes, ce qui est également inadmissible.

ficulté dépendait d'une erreur relative à la structure du corps de la seconde vertèbre.

Pour tous les auteurs qui ont étudié le système osseux de la carpe, la pièce qui occupe le second rang dans la série des disques vertébraux représente uniquement le corps de la seconde vertèbre. Rosenthal la désigne par ces mots : *der zweite Brustwirbel;* Weber l'appelle : *vertebra secunda*; Valenciennes enfin n'est pas moins explicite lorsqu'il dit : « Sur le corps de la seconde vertèbre et en arrière de son apophyse transverse, il y a une petite facette oblongue qui reçoit la facette correspondante d'un petit os particulier, l'osselet de Weber[1]. Saagman Mulder exprime une opinion semblable.

Là est l'erreur qu'il s'agit de rectifier, le nœud de toute la question.

Si, au lieu de la carpe, j'étudie le nase, j'y retrouve sur les premières vertèbres exactement le même nombre de pièces ; elles offrent les mêmes formes générales et les mêmes rapports ; mais voici une différence capitale : la pièce que nous avons indiquée chez la carpe comme étant le corps de la seconde vertèbre, se trouve ici représentée par deux segments ou disques vertébraux ($C^2$ et $C^3$) parfaitement distincts. L'un, placé en avant, supporte l'apophyse transverse ($a^2$) et l'enclume ($A^2$) ; l'autre, qui vient après, s'articule inférieurement avec le marteau ($a^5$) et en dessus avec la pièce ($A^3$).

Pour éviter toute chance d'erreur, je fais une section verticale de la colonne vertébrale, et je constate qu'il existe en effet une cavité articulaire au niveau de la ligne de séparation des segments ($C^2$ et $C^3$). Seulement, au lieu de représenter deux cônes adossés par leur base, comme cela se voit entre les vertèbres voisines, cette cavité prend la forme d'un cône simple très-surbaissé, ce qui évidemment accuse déjà une tendance au rapprochement et à la soudure entre les segments ($C^2$ et $C^3$).

Sur d'autres types, tels que la tanche, la brême, la chevaine etc., on voit la soudure entre les corps ($C^2$ et $C^3$) s'effectuer plus ou moins intimement et ces deux vertèbres revêtir à différents degrés l'aspect d'une vertèbre simple. Dans la carpe, enfin, la soudure des deux disques en question est tellement complète qu'il devient tout à fait impossible d'en

[1] Cuv. et Valenc., *Hist. nat. des poiss.*, 1842, t. XVI, p. 44.

retrouver des traces aussi bien à l'intérieur qu'à l'extérieur. Les dimensions de cette vertèbre composée n'excèdent pas celles de la vertèbre qui suit, et les cavités des deux faces articulaires s'avancent presque jusqu'au centre du corps. L'erreur serait donc inévitable sans une comparaison très-attentive; mais après avoir constaté que ce deuxième corps de vertèbre chez la carpe supporte les mêmes pièces que les corps vertébraux 2 et 3 chez le nase, nous avons la certitude qu'il est en réalité l'équivalent de ces derniers.

Ceci étant établi, les difficultés qui nous arrêtaient d'abord vont disparaître d'elles-mêmes. Pour cela revenons au nase et cherchons pour les quatre premières vertèbres quels sont leurs appendices normaux.

L'arc supérieur et l'arc inférieur de la quatrième vertèbre se reconnaissent sans aucune difficulté; chacune des branches de l'arc inférieur est très-développée, et bifurquée comme dans la carpe.

La troisième vertèbre a pour branches de son arc inférieur les deux marteaux ($a^3$), et pour branches de l'arc supérieur les deux pièces ($A^3$). En dessus, cette vertèbre se trouve complétée par une grande lame ($I^3$), qui joue le rôle d'apophyse épineuse et représente un os intercrural.

La seconde vertèbre a pour branches de l'arc inférieur l'apophyse ($a^2$), pour branches de l'arc supérieur les deux enclumes ($A^2$) et pour intercrural l'os en tuile ($I^2$). Ce dernier os se trouve séparé des branches ($A^2$) de l'arc supérieur, auquel il appartient par suite du très-faible développement de ces branches, qui sont restées tout à fait rudimentaires, tandis que celles de l'arc voisin ($A^3$) ont acquis une largeur considérable. De cette manière, l'os ($I^2$) s'est trouvé rejeté en haut et en avant.

La première vertèbre, enfin, a pour branches de l'arc inférieur les apophyses transverses ($a^1$), qui sont ici plus développées que chez la carpe, et pour branches de l'arc supérieur, les étriers ($A^1$). Ce dernier arc, tout à fait rudimentaire, se trouve en partie complété par les deux *claustrum* ($I^1$), qu'il faut considérer comme un intercrural très-petit et divisé en deux.

Ainsi se trouvent interprétées d'une manière satisfaisante toutes les pièces appendiculaires qui naissent au niveau des quatre premières vertèbres des cyprins. La déformation ou la soudure de quelques-unes de ces pièces, l'atrophie ou le développement exagéré de quelques autres, la présence d'osselets intercruraux pour compléter les arcs supérieurs des trois premières vertèbres, telles sont les raisons qui avaient pu faire croire à des anomalies, à une dérogation au principe de l'unité de composition qui se manifeste avec tant d'évidence dans tout le reste de l'étendue de la colonne vertébrale. C'est au principe des connexions rigoureusement appliqué que nous devons d'avoir pu ramener au type normal chacune de ces premières vertèbres. Il importe cependant de faire ici une remarque.

Dans toute l'étendue de la colonne vertébrale, l'arc supérieur est formé de deux branches seulement, tandis qu'au niveau des trois premières vertèbres cet arc, en outre de ses deux branches normales, présente encore un os intercrural qui sert à le compléter. Mais ce fait n'a rien qui doive nous surprendre, puisque l'on sait que chez les poissons cartilagineux les pièces intercrurales existent normalement dans toute l'étendue de la colonne vertébrale. Du reste, la présence d'osselets intercruraux sur les premières vertèbres des cyprins est un fait qui n'est pas sans offrir de l'intérêt. Ces premières vertèbres établissent de la sorte un passage entre les vertèbres ordinaires et la grande vertèbre occipitale ; il suffit, en effet, de la plus simple comparaison pour reconnaître que l'occipital supérieur n'est autre chose que l'intercrural de la vertèbre occipitale.

En outre des modifications importantes que je viens de faire connaître, les quatre premières vertèbres des cyprins en présentent encore quelques autres d'un ordre secondaire que je veux signaler rapidement.

Chez le nase, les marteaux ($a^3$) se terminent en arrière par un prolongement très-effilé, flexible, qui se recourbe en dedans jusqu'à la ligne médiane, et s'infléchit ensuite en avant en passant à travers une ouverture de la cloison ($x$). C'est là une disposition qui mériterait peut-être quelque attention à cause des rapports établis entre les *malleus* et la vessie natatoire.

Les branches ($A^3$) de l'arc supérieur de la troisième vertèbre et les branches ($a^4$) de l'arc inférieur de la quatrième vertèbre offrent aussi chez le nase quelques particularités à signaler.

Chaque branche (A³) présente sur sa face externe une petite apophyse descendante[1] dont la présence établit une ressemblance assez manifeste entre la forme des branches (A³ et A²), lesquelles, sauf la différence dans le volume, se trouvent être bifurquées de la même manière à leur partie supérieure. Comme nous avons déjà constaté précédemment une ressemblance de forme entre l'enclume (A²) et l'étrier (A¹), il en résulte que c'est en quelque sorte un caractère des branches des arcs supérieurs des trois premières vertèbres des cyprins d'offrir une tendance à la bifurcation.

Quant aux branches de l'arc inférieur de la quatrième vertèbre, nous savons qu'elles se bifurquent chez le nase comme chez la carpe; mais ce que je tiens à faire remarquer ici, c'est la ressemblance de forme qui existe chez le nase entre la base de ces branches et les marteaux. Retranchez, en effet, de ces branches leur apophyse externe et la portion élargie de leur apophyse interne qui forme la cloison ($x$), il reste une portion basilaire presque semi-lunaire dont la courbure est à peu près concentrique à celle du marteau, et dont l'extrémité antérieure se prolonge en une pointe qui se trouve reliée par du tissu fibreux à l'apophyse ($y$) de l'arc (A³). Que les branches de ce dernier arc deviennent mobiles ainsi que celles de l'arc $a^4$, et l'on aura la répétition de la disposition affectée par le marteau et l'enclume.

Nous avons vu que chez la carpe les branches de l'arc inférieur de la première vertèbre sont extrêmement réduites. Mais chez d'autres cyprins, tels que la tanche, le barbeau, le nase, la chevaine etc., ces branches acquièrent une longueur beaucoup plus considérable. Je ferai aussi remarquer que dans cette dernière espèce la lame verticale du troisième intercrural (I³) se trouve bifurquée à son sommet de manière à former une profonde gouttière antéro-postérieure. C'est même là une disposition des plus caractéristiques.

Toutes les parties du squelette que nous venons d'étudier présentent encore d'autres variétés, dont l'étude, si elle était poursuivie avec soin dans un plus grand nombre de types, ne

[1] La même particularité existe chez la chevaine.

laisserait pas d'offrir de l'intérêt au point de vue de la détermination et du groupement des espèces.

Les dispositions que je viens de signaler se présentent avec le même ensemble de caractères chez tous nos cyprins ordinaires, mais chez les Catostomes (genre de cyprinide américain caractérisé par un autre mode de conformation des dents pharyngiennes) les premières vertèbres, bien que construites sur le même plan que dans le reste des cyprins, présentent un certain nombre de particularités sur lesquelles je dois appeler l'attention.

Les corps des premières vertèbres (chez le *Catostoma suceti*) paraissent plus intimement unis que chez nos cyprins. L'arc inférieur de la quatrième vertèbre est formé de deux branches comme chez la carpe, mais ces branches affectent une disposition assez différente. Les deux branches internes, très-raccourcies, s'unissent encore sur la ligne médiane, mais n'y forment qu'une cloison (*x*) d'une très-faible étendue. Les branches externes acquièrent, au contraire, un volume considérable, elles s'aplatissent et, de même que les branches internes, elles se prolongent en dedans de manière à y constituer une cloison transversale (X) très-large et parallèle à la première. La cloison (X) formée par les branches externes se trouve située sur un plan un peu antérieur à la cloison (*x*) qui dépend des branches internes, et son bord inférieur descend beaucoup plus bas. Cependant les deux cloisons ne restent pas complétement indépendantes l'une de l'autre : elles se trouvent reliées par deux petites languettes osseuses dirigées obliquement d'avant en arrière de la face postérieure de la cloison (X) vers le bas du bord externe de la cloison (*x*). Le bord supérieur de la cloison (X) ne reste pas libre, il s'incline en avant et va se confondre avec la face inférieure du corps de la troisième vertèbre et la partie basilaire de l'arc inférieur de la seconde. Le marteau est libre et mobile comme chez nos cyprins ; son extrémité postérieure se met en rapport avec la vessie natatoire en passant à travers un large orifice placé au sommet de la cloison (X), immédiatement en dedans de l'origine de la branche externe d'où dérive cette même cloison.

La disposition des *claustrum* et des *stapes* est la même que chez la carpe, mais l'enclume offre une particularité des plus intéressantes à noter au point de vue de la morphologie. Cette pièce est extrêmement réduite et ne conserve plus aucun rapport avec le corps de la seconde vertèbre: elle se trouve représentée par un simple petit nodule osseux placé vers le milieu du tendon qui unit la pointe du marteau au *stapes*. Ce nodule n'est autre chose que l'extrémité de la branche externe de l'enclume, et ce qui le prouve, c'est qu'il présente encore en dedans une petite pointe libre, visible seulement à la loupe, et qui est la dernière trace de cette branche externe devenue rudimentaire.

Cette modification bien curieuse est pour nous d'un haut enseignement, quand nous l'envisageons au point de vue du principe des connexions. Elle nous montre, en effet, qu'une branche vertébrale peut non-seulement perdre de son importance au point de se trouver réduite à un tubercule à peine visible, mais ensuite qu'elle peut perdre toutes ses connexions avec les corps vertébraux et aller former, en définitive, une sorte d'osselet sésamoïde dans l'épaisseur d'un ligament extravertébral.

Je ne serais plus surpris, après un pareil fait, que les osselets de l'ouïe proprement dits ne fussent à leur tour des arcs vertébraux modifiés.

Par là aussi nous voyons que le principe des connexions n'est pas vrai d'une manière absolue, mais que lorsqu'on veut en faire usage, il devient indispensable de tenir compte en même temps des règles de la morphologie.

### *Loches.*

Les dispositions que je viens de signaler chez les cyprins et chez les catostomes nous permettent de comprendre aisément les modifications qui se présentent chez les loches. Chez ces poissons, comme on le sait, il existe au-dessous de la colonne vertébrale et en arrière des premières vertèbres une grosse ampoule osseuse bilobée, dans laquelle se trouve enfermée la vessie natatoire; les osselets de Weber, au lieu de rester à découvert, sont cachés dans une sorte de canal osseux placé sur le flanc des premières vertèbres.

Il est facile de se rendre compte de ces dispositions au moyen de quelques changements morphologiques.

Chez les catostomes, avons-nous dit, les branches dédoublées de l'arc inférieur de la quatrième vertèbre constituent deux lames disposées en manière de cloison transversale. Chez la loche franche (*Cobitis barbatula*) ces deux lames se confondent, et au lieu de rester planes, elles se recourbent sur elles-mêmes de manière à constituer une véritable coque bilobée (*c*). Sur le côté inférieur et externe de chaque moitié de cette coque on aperçoit une pointe qui n'est autre chose que l'extrémité terminale de la branche externe. Vers le haut de la face postérieure et de la face externe on aperçoit deux orifices elliptiques allongés en travers ; je les considère comme des jalons indiquant la ligne de séparation des lames formées par la branche externe et la branche interne. Enfin sur la ligne médiane on voit en arrière un trou arrondi, limité en dessus par un bord droit, qui paraît faire suite au bord supérieur de l'orifice postérieur le plus voisin. Ce trou correspond à la séparation des lames enroulées formées par les deux branches externes, son bord supérieur me paraît constitué par le bord postérieur de la lame formée par les branches internes.

Le canal dans lequel se trouvent renfermés les osselets de Weber se trouve fermé en dessus par du tissu spongieux, dont les trabécules naissent de l'arc inférieur de la seconde vertèbre, de la base de l'arc inférieur de la quatrième et de l'arc supérieur de la troisième. Ce canal se trouve complété en dehors par la branche correspondante de l'arc inférieur de la seconde vertèbre, qui se porte obliquement en arrière pour aller s'appliquer sur la face antérieure de l'ampoule (*c*), à laquelle il se soude plus ou moins intimement. L'extrémité terminale de cette branche présente une petite fente, qui la fait paraître bifurquée. La fermeture de ce canal ne doit pas du reste nous surprendre, car nous avons reconnu déjà une tendance vers cette disposition chez la chevaine et le nase, où la base de l'arc inférieur de la quatrième vertèbre se prolonge un peu en avant au-dessus du marteau, et où l'on voit naître un petit prolongement lamelleux de l'arc supérieur de la troisième vertèbre.

Quant aux osselets de Weber, ils sont libres dans l'intérieur du canal, et ils offrent les mêmes rapports que chez les cyprins. La pointe postérieure du *malleus* pénètre dans la cavité de l'ampoule (*c*) par un orifice placé sur la face antérieure de cette dernière. Cet orifice correspond à celui que nous avons vu exister chez les catostomes au sommet de la cloison (X) formée par les branches externes de bifurcation de l'arc inférieur de la quatrième vertèbre.

En résumé, on voit que la conformation des premières vertèbres des loches, si singulière au premier abord, peut s'expliquer aisément par celle que j'ai décrite chez les cyprins. Il est probable que si l'on étudiait à ce point de vue un plus grand nombre de types, on arriverait à saisir des nuances intermédiaires à celles que je viens de signaler ; mais ce qui a été dit suffit pour établir avec certitude que par leur squelette les loches et les cyprins proprement dits appartiennent bien réellement à un même groupe naturel.

*Silures.*

Chez les silures, les premières vertèbres offrent un ensemble de caractères qui rappellent ceux que nous avons constatés chez les cyprins ; on y retrouve encore les osselets de Weber, mais en outre il s'effectue de nouvelles modifications qu'il importe de signaler.

Déjà chez quelques cyprins, la carpe, la tanche etc., nous avons remarqué une soudure plus ou moins complète entre quelques-uns des premiers corps vertébraux. Chez les silures, cette tendance à la soudure des premières vertèbres est portée beaucoup plus loin. Ainsi chez le *Silurus glanis*, que je prendrai pour exemple, on aperçoit à la partie antérieure de la colonne vertébrale un long cylindre osseux formé de plusieurs vertèbres soudées ensemble. On lui a donné le nom de *grande vertèbre;* celui de *vertèbre composée* eût été plus exact. En avant de ce cylindre se trouve un disque osseux assez mince qui reste libre et représente le corps de la première vertèbre.

Le nombre des corps vertébraux dont se compose la grande vertèbre est assez difficile à préciser. Pour élucider cette question, il faut prendre comme point de repère la cavité articulaire du marteau située tout près de l'extrémité antérieure du cylindre.

Comme le *malleus* représente l'arc inférieur de la troisième vertèbre, il en résulte que la vertèbre composée comprend non-seulement le deuxième et le troisième corps vertébral, mais encore un certain nombre de ceux qui suivent. Pour déterminer ce nombre, on peut avoir égard à celui des apophyses épineuses ou des apophyses transverses qui viennent en arrière de l'articulation du marteau. Je compte deux des premières et trois des secondes, l'une de celles-ci étant bifurquée. Prenant le chiffre minimum, on a la certitude que la grande vertèbre comprend au moins deux corps vertébraux en arrière du troisième. Par conséquent la vertèbre composée renfermerait au moins quatre corps de vertèbres, les deuxième, troisième, quatrième et cinquième. Peut-être même le sixième en fait-il aussi partie, mais je ne pourrais l'affirmer.

Voilà donc une première différence notable entre les silures et les cyprins ; en voici maintenant une seconde qui a plus d'importance. Quand on examine le corps de la grande vertèbre, on reconnaît qu'il n'est pas composé d'une pièce seulement, mais de deux, dont l'une comprend le tiers postérieur environ et l'autre les deux tiers antérieurs du cylindre. Ces deux segments, au lieu d'être unis par simple juxtaposition comme les disques vertébraux ordinaires, s'articulent au moyen de dentelures profondes, qui s'engrènent réciproquement en formant une suture transversale disposée en zigzag. Ce mode d'articulation, que j'ai rencontré sur la vertèbre composée de plusieurs silures, a déjà été indiqué par Owen : il est d'une grande valeur pour servir à l'interprétation de quelques-unes des pièces du crâne. On sait, en effet, que chez les poissons osseux, l'occipital basilaire, le sphénoïde postérieur et le vomer s'articulent aussi au moyen de dentelures. Cette disposition se retrouvant sur la vertèbre composée des silures, il en résulte que cette pièce établit une sorte de passage entre les vertèbres ordinaires d'une part, et les vertèbres crâniennes de l'autre. Il devient évident que les trois pièces (occipital basilaire, sphénoïde postérieur et vomer) ne sont autre chose que des corps vertébraux modifiés et d'autant plus aplatis qu'ils sont plus antérieurs. On voit en même temps ce qu'il faut penser de l'opinion de Reichert, qui considérait le vomer, conjointement avec les frontaux et les pariétaux, comme un os de revêtement étranger au crâne.

Les arcs inférieurs présentent aussi des modifications assez tranchées. Les branches de l'arc inférieur appartenant à la première vertèbre sont avortées, fait qui ne doit pas nous surprendre lorsqu'on se rappelle que chez la carpe ces branches se trouvent représentées par des apophyses à peine saillantes.

Les branches de l'arc inférieur dépendant de la seconde vertèbre me paraissent également avortées, car je n'aperçois sur l'extrémité antérieure de la grande vertèbre aucun appendice qui témoigne de leur existence.

L'arc inférieur de la troisième vertèbre est très-développé ; il se trouve représenté par les marteaux, qui se prolongent très-loin en avant et dépassent même la ligne d'articulation de la première vertèbre avec l'occipital basilaire ; seulement, au lieu d'occuper la même position que chez nos cyprins et de s'articuler avec la moitié inférieure du cylindre vertébral, ces pièces s'appuient sur la moitié supérieure de ce cylindre et se trouvent reportées jusqu'à la base de l'arc supérieur correspondant.

Les arcs inférieurs qui suivent le marteau se trouvent également très-relevés sur les flancs de la grande vertèbre, où ils occupent la base des arcs supérieurs placés au-dessus d'eux ; ils conservent une direction à peu près horizontale.

On arrivera aisément à se rendre compte de la position un peu anormale de ces arcs, en observant leurs rapports dans toute l'étendue de la colonne vertébrale. On verra qu'à partir de la limite postérieure de l'abdomen, où ils s'articulent avec la moitié inférieure des disques vertébraux, ils vont sans cesse en s'élevant sur le corps des vertèbres à mesure qu'ils se portent en avant, décrivant par conséquent une courbe à concavité supérieure le long de l'axe vertébral. Les branches des arcs inférieurs de la vertèbre composée, situées en arrière du marteau, sont au nombre de trois. La postérieure est représentée par une longue apophyse qui s'insère sur le segment le plus reculé de la grande vertèbre, et ressemble complétement aux apophyses transverses situées plus en arrière. Les deux autres apophyses appartiennent au segment antérieur de la grande vertèbre, elles naissent par une origine commune immédiatement en arrière de la cavité articulaire du marteau. Représentées d'abord par une lame simple, aplatie de haut en bas, elles ne tardent pas à se séparer pour former deux branches distinctes dont l'une (la postérieure) s'effile en manière de pointe, tandis que l'autre (l'antérieure), beaucoup plus épaisse, se dilate vers son extrémité et se termine par une large surface aplatie qui s'unit au moyen de tissu fibreux avec l'os scapulaire.

Les arcs supérieurs de la grande vertèbre se soudent intimement avec elle sans qu'il y ait apparence d'os intercruraux ; ils sont représentés par trois grandes lames verticales, dont les deux postérieures s'inclinent un peu en arrière et l'antérieure un peu en avant.

Quant à l'arc supérieur de la seconde vertèbre, laquelle, avons-nous dit, fait aussi partie de la vertèbre composée, il est toujours représenté par l'enclume. Cette dernière pièce est tout à fait rudimentaire comme chez les catostomes, elle n'a conservé aucun rapport avec les corps vertébraux, et elle se trouve représentée par un simple nodule osseux situé dans l'épaisseur du ligament qui va du marteau à l'étrier.

L'arc supérieur de la première vertèbre consiste en une paire de petits osselets articulés sur la face supérieure du corps vertébral, ce sont les étriers. Chacun d'eux, d'abord simple à sa base, se divise presque aussitôt en deux branches, dont l'une, horizontale, se porte en avant pour s'articuler avec l'enclume, tandis que l'autre se dirige verticalement en haut[1]. Cet arc supérieur se trouve complété par deux petites pièces triangulaires, aplaties et dressées verticalement. A leur position on y reconnaît aisément les *claustrum*. Ces pièces se trouvent en rapport en arrière avec la branche verticale de l'étrier, elles ne paraissent pas affecter des rapports aussi intimes avec l'occipital basilaire que chez les cyprins. Mais un point sur lequel je tiens surtout à appeler l'attention, c'est la forme elle-même de ces *claustrum*. Nous avons dit précédemment que nous les considérons comme un intercrural divisé en deux. Chez les cyprins et les catostomes, où les *claustrum*, très-écartés l'un de l'autre, se trouvent représentés par deux petites lames osseuses enroulées en manière de cornet, cette assertion pouvait paraître un peu hasardée; la disposition de ces mêmes pièces chez le *Silurus glanis* ne permet de conserver aucun doute à cet égard. Les *claustrum*, en effet, y sont représentés par deux lames verticales contiguës à leur

[1] Je ferai remarquer combien est grande l'analogie de forme entre l'étrier des silures et l'enclume des cyprins proprement dits. Cela confirme ce que j'ai dit déjà, à l'occasion de la carpe, de la ressemblance existant entre ces deux ordres de pièces.

sommet et placées au-dessus des étriers, avec lesquels ils constituent un véritable arc supérieur.

Pour compléter ce qui est relatif à la grande vertèbre du *Silurus glanis*, il me reste encore à signaler deux courtes apophyses placées au-dessous de son extrémité postérieure, et une gouttière longitudinale creusée sur le milieu de la face inférieure. Les apophyses n'étant autre chose que de simples excroissances du corps vertébral, et la gouttière qu'un simple sillon vasculaire, ce sont là des détails sur lesquels je ne veux pas insister davantage. Je passe donc immédiatement à l'étude de quelques autres types de silures.

Chez le *Pimelodus atrarius*, les premières vertèbres offrent exactement les mêmes caractères que chez le *Silurus glanis*, de telle sorte que l'on peut regarder ce poisson comme un véritable silure dépourvu de dents.

Nous pourrions en dire autant du *Schilbe Hasselquistii*, sauf une petite particularité que voici :

Les branches de l'arc inférieur qui suit le marteau, au lieu de se porter horizontalement en dehors comme dans les deux espèces précédentes, se présentent sous la forme de deux longues apophyses fortement arquées et recourbées vers le bas. Ces branches s'articulent avec l'os scapulaire non plus par leur extrémité seulement, mais dans toute la moitié inférieure de leur face externe. Il est facile de voir comment de cette disposition, qui rappelle davantage ce que nous avons vu chez les cyprins, on pourrait, à l'aide de quelques faibles changements, passer à la disposition indiquée chez le *Silurus glanis*.

Chez un siluroïde provenant de Buénos-Ayres et dont le nom m'est inconnu[1], les premières vertèbres m'ont encore paru réunir le même ensemble de caractères que chez le *Si-*

[1] Les caractères extérieurs de ce poisson ressemblent beaucoup à ceux du *Bagrus bayad*. Sa longueur est de 42 centimètres; couleur brune en dessus, blanchâtre en dessous; tête assez aplatie; six barbillons: un à la mâchoire supérieure, deux à la mâchoire inférieure. Barbillon de la mâchoire supérieure le plus long, dépassant un peu l'extrémité de la nageoire ventrale. Barbillon interne de la mâchoire inférieure dépassant un peu la base de la pectorale. Barbillon externe dépassant le milieu de la ventrale. Adipeuse longue, ressemblant tout à fait à celle du *Bagrus bayad*, mais plus basse. Une large bande de dents en velours à la mâchoire supérieure, et à une à l'inférieure.

*lurus glanis ;* j'y ai observé néanmoins quelques modifications qui, bien que secondaires en apparence, ne laissent pas d'offrir un certain intérêt au point de vue de la morphologie, parce qu'elles nous aideront à mieux comprendre d'autres types.

Au lieu d'une seule suture par engrènement, le corps de la grande vertèbre en présente deux, l'une située vers son tiers antérieur, l'autre vers son tiers postérieur; la gouttière longitudinale qui règne sur le milieu de la face inférieure se trouve transformée en un canal complet dans sa moitié antérieure. Le corps de vertèbre qui précède la vertèbre composée surpasse beaucoup en largeur la portion attenante de cette dernière; on aperçoit sur sa face inférieure un trou arrondi qui communique avec le canal de la grande vertèbre.

Les apophyses épineuses se trouvent confondues en une seule lame, qui se soude avec la crête de l'occipital.

Les branches des arcs inférieurs de la grande vertèbre (sauf la dernière, qui reste libre et porte, une côte) se réunissent de manière à constituer une large lame osseuse à peu près horizontale. Cette lame se recourbe inférieurement de manière à former une gouttière, dont la concavité regarde en bas et en arrière; en avant elle s'articule avec l'os scapulaire par une large facette correspondant à celle des silures. Les osselets de Weber sont peu développés.

En résumé, ce qui dans ce type est pour nous d'un intérêt particulier, c'est l'union déjà plus intime de la colonne vertébrale avec le crâne et la disposition en gouttière de la lame formée par les arcs inférieurs de la grande vertèbre. Nous allons voir ces caractères portés au plus haut degré dans les types qui suivent.

Chez l'hypostome à filets charnus, les premières vertèbres contractent une union très-intime avec le crâne. Les apophyses épineuses forment une lame qui se continue avec la crête occipitale. Les arcs inférieurs, soudés entre eux, se confondent avec l'os scapulaire, qui lui-même n'est plus distinct du crâne. La lame qui résulte de la fusion des arcs inférieurs présente une disposition singulière et dont il serait difficile de se rendre compte en l'absence des faits qui nous ont été fournis par notre silure de Buénos-Ayres. Dans ce poisson, ai-je dit, la lame qui représente les arcs inférieurs prend la forme d'une gouttière renversée: chez l'hypostome, cette gouttière se complète en-dessous par l'enroulement de la lame qui la constitue; de là résulte une sorte de cornet creux ou d'entonnoir, soudé de chaque côté en arrière du crâne, et dont la base, tournée en dehors, se trouve fermée par les pièces ossifiées de la peau. Je n'aperçois plus trace des osselets de Weber; il est évident qu'ils ont dû être englobés dans l'ossification des pièces voisines. Chez le *Callicthys asper*, la disposition des premières vertèbres est à peu près complétement semblable à celle de l'hypostome à filets charnus; on y retrouve le même cornet osseux en arrière du crâne et la même soudure des premières vertèbres avec la tête, de telle sorte que je regarde ces deux types comme très-voisins l'un de l'autre, malgré les différences de leur écaillure. Un autre caractère, du reste, vient encore à l'appui de ce rapprochement: je veux parler de la conformation de la première côte, qui dans les deux types acquiert des dimensions énormes comparativement à celles des côtes suivantes.

On voit donc par les faits et considérations qui précèdent que tous les poissons appartenant aux groupes des cyprins, des loches et des silures, sont en réalité construits sur un même plan; on voit aussi comment il faut accueillir l'opinion suivante, émise par M. Valenciennes, au sujet des siluroïdes[1]: « Ainsi ce genre fait de nombreuses brèches à ce que l'on a voulu appeler *la loi de l'unité de composition*..... Ces prétendues lois physiologiques et philosophiques sont de pures conceptions de l'esprit dont l'observateur plus patient montre presque toujours la fausseté. »

---

## *Considérations sur le tronc latéral du pneumogastrique chez les poissons.*

Sous le nom de *tronc latéral du pneumogastrique* on désigne, comme nous savons, une branche nerveuse très-importante, qui naît du pneumogastrique à l'intérieur du crâne,

[1] *Hist. nat. des poiss.*, 1839, t. XIV, p. 321.

s'étend le long des flancs et se termine à l'origine de la queue.

La disposition du nerf latéral, ses variations dans les divers types de poissons, ont été étudiées avec beaucoup de soin par les anatomistes. Aucun d'eux jusqu'ici ne s'est occupé de rechercher si cette branche a ses homologues parmi celles qui émanent des nerfs spinaux. Cette question ayant été de ma part l'objet d'un sérieux examen, je me propose de faire connaître aujourd'hui les résultats auxquels j'ai été conduit.

Mais d'abord qu'il me soit permis de rappeler brièvement quels sont les caractères du tronc latéral, en prenant pour exemple un poisson de la famille des cyprins, le gardon, chez lequel la disposition de ce nerf est relativement assez simple.

Dans ce type, comme dans tous les poissons osseux du reste, le nerf latéral se sépare de la branche antérieure du pneumogastrique, un peu au-dessous de son origine; il traverse les parois du crâne, puis, prenant subitement une direction à peu près horizontale, il passe au-dessous de la ceinture scapulaire et se continue jusqu'à l'extrémité du corps en suivant l'interstice qui sépare les muscles dorsaux des muscles ventraux. Durant ce trajet, son volume décroît graduellement d'avant en arrière par suite de l'émission de branches plus ou moins importantes qui s'effectue de distance en distance. Ces branches peuvent être distinguées, d'après leur direction, en ascendantes et en descendantes. Les branches ascendantes sont, d'après l'ordre de leur naissance :

1° Un rameau operculaire destiné aux téguments de l'opercule, fournissant en outre quelques filets musculaires, dont la nature motrice n'a point encore été démontrée ;

2° Un rameau sur-temporal qui monte verticalement en arrière du crâne, pour se distribuer aux os du canal muqueux appartenant à cette région ;

3° Un rameau qui se porte en haut et en arrière sur les côtés de la ligne du dos et se prolonge très-loin en arrière sans s'anastomoser avec les branches postérieures des nerfs spinaux.

Les branches descendantes sont en beaucoup plus grand nombre que les branches ascendantes. On peut en compter autant, à peu près, qu'il y a de segments vertébraux. Elles se distribuent à la peau de la moitié inférieure du tronc.

La disposition du nerf latéral est loin d'être aussi simple dans tous les types de poissons que chez les cyprins : le plus souvent ce nerf se décompose en deux branches principales, l'une superficielle, l'autre située plus ou moins profondément dans l'interstice des masses musculaires dorsale et ventrale. Ces deux branches longitudinales peuvent, en outre, se trouver reliées entre elles au moyen de branches transverses. Toutes ces variations, lorsqu'on les étudie au point de vue de l'unité de composition, peuvent s'expliquer soit par des divisions du tronc principal, soit par certains groupements des branches secondaires [1].

Passons maintenant à l'examen des nerfs spinaux.

Chaque paire nerveuse, issue de la moelle, se partage en deux branches, l'une antérieure, l'autre postérieure. De la branche antérieure, immédiatement au-dessous de son origine, naît constamment un rameau, quelquefois deux, lesquels, au lieu de marcher profondément le long des côtes, prennent aussitôt une direction transversale et se portent en dehors dans le plan de séparation des muscles dorsaux et ventraux. On leur a donné le nom de *rameaux intermédiaires* par suite de leur position moyenne entre les branches antérieures et les branches postérieures. Durant leur trajet de dedans en dehors, ces nerfs fournissent quelques filets aux muscles environnants; au moment de devenir superficiels, ils se partagent en deux branches, l'une ascendante, l'autre descendante, dont les ramifications vont se perdre dans la

[1] L'étude du nerf latéral, poursuivie à ce point de vue, ne pourrait manquer de fournir des résultats du plus haut intérêt. Au sujet de la perche, par exemple, il est facile de constater que la disposition du nerf latéral n'est point telle que l'a représentée Cuvier. Le tronc superficiel n'est point un cordon simple qui s'étendrait d'une manière uniforme jusqu'à l'extrémité du corps, ce tronc résulte évidemment de l'union de plusieurs branches secondaires qui naissent de distance en distance de la branche profonde et se renforcent de manière à former un nerf continu. Cette disposition permet de se rendre compte des anastomoses transversales qui existent entre les principales divisions du nerf latéral chez les gades et chez d'autres poissons.

Chez le gardon, j'ai vu dans certains cas le tronc latéral unique se partager, dans une étendue de 1 à 2 centimètres, en deux faisceaux de volume à peu près égal et dont l'un restait superficiel.

Chez le brochet, j'ai reconnu (contrairement à l'opinion de Stannius) l'existence d'un long rameau dorsal analogue à celui des cyprins.

peau des régions situées au-dessus et au-dessous de la ligne de séparation des muscles dorsaux et ventraux.

Je regarde ces rameaux intermédiaires des nerfs spinaux comme les homologues du nerf latéral du pneumogastrique.

Un simple coup d'œil jeté sur une préparation d'ensemble des nerfs rachidiens suffit déjà pour reconnaître que le nerf latéral fait partie de la série des nerfs intermédiaires. L'origine, la direction, les rapports généraux, le partage de ce nerf en branches ascendantes et descendantes, tout vient à l'appui de cette manière de voir. Il existe, il est vrai, une différence de volume très-considérable entre le nerf latéral et les nerfs intermédiaires, mais en cela il ne saurait y avoir de difficulté, puisque l'on sait que des différences de volume non moins importantes peuvent se manifester entre les branches postérieures des nerfs spinaux et la branche postérieure de la cinquième paire. Celle-ci, qui constitue alors ce qu'on appelle le nerf latéral du trijumeau, présente dans sa disposition l'analogie la plus complète avec le tronc latéral du pneumogastrique.

Reste une question de la plus haute importance, celle des anastomoses. L'extrême analogie qui se manifeste entre le nerf latéral du pneumogastrique et le nerf latéral du trijumeau a conduit les anatomistes à se demander si pour le premier de ces nerfs, comme pour le second, il existe des anastomoses avec les nerfs spinaux. Cette question a été résolue avec de nombreuses divergences d'opinion. Cuvier, se fondant sur une erreur d'observation manifeste, figura chez la perche une série d'anastomoses entre le nerf latéral du pneumogastrique et les rameaux intermédiaires des nerfs spinaux. Weber et Van Deen nièrent complétement l'existence de ces rapports. Dans son *Mémoire sur le système nerveux du barbeau*, Buchner affirme qu'il est parvenu à découvrir « l'anastomose du nerf latéral avec quelques nerfs spinaux, » et qu'il ne doute pas qu'elle n'ait lieu pour tous ; elle est, dit-il, extrêmement fine, et a lieu avec la branche superficielle des nerfs spinaux (nerfs intermédiaires). A ces affirmations, Stannius oppose une affirmation contraire : « Chez beaucoup de poissons, tels que les cyprinus, esox, gadus, spinax, raja, j'ai, dit-il, cherché vainement de telles anastomoses ; Savi ne les a pas trouvées davantage chez la torpille, ni Robin chez les raies. »

Pour ma part, je puis certifier que ces anastomoses existent; je les ai vues très-distinctement sur plusieurs cyprins et sur le brochet; je les ai fait voir aux personnes qui fréquentent mon laboratoire, et je suis tout prêt à les montrer à quiconque douterait de leur existence. Elles sont toujours très-fines; elles ont lieu tantôt à une certaine profondeur entre le nerf latéral et un filet du nerf intermédiaire (brochet), tantôt sous la peau, entre les branches descendantes du nerf latéral et les branches descendantes des nerfs intermédiaires (gardon, nase). — Ces rapports entre les rameaux intermédiaires des nerfs spinaux et le tronc latéral du pneumogastrique constituent une preuve de plus en faveur de l'homologie de ces branches nerveuses.

Le pneumogastrique possédant une branche antérieure, une branche postérieure et un rameau intermédiaire, on voit qu'il n'y a entre ce nerf et les nerfs spinaux aucune différence essentielle.

---

### *Note sur le disque ventral du Cyclopterus lumpus.*

On sait que le disque ventral des Cycloptères est formé par la réunion des deux membres abdominaux, et que sa structure ne diffère en rien d'essentiel de celle de ces derniers organes. Une portion centrale correspond au bassin; une série de tiges transverses représente les rayons natatoires.

Un fait moins connu est le suivant, que j'ai observé sur le *Cyclopterus lumpus.*

Chez ce poisson, la longueur des rayons est beaucoup plus considérable que ne le ferait supposer la largeur du disque. Lorsqu'ils ont atteint le bord de cet organe, les rayons ne s'y arrêtent point; changeant subitement d'aspect et de direction, ils deviennent minces, flexibles, articulés, se replient sur eux-mêmes et reviennent, en décrivant de petits zigzags, vers le centre du disque.

A quelle cause faut-il attribuer ce reploiement intérieur de l'extrémité des rayons? Je l'ignore. Je dirai seulement que chez certains Cottus et Scorpènes, où le tissu graisseux abonde comme chez les Cycloptères, j'ai vu l'extrémité des rayons des nageoires offrir sur certains points une tendance marquée à se recourber en arc.

---

### *Observation relative à une branche anastomotique des nerfs trijumeau et pneumogastrique chez le merlan.*

L'observation qui suit est relative à une branche anastomotique qui s'étend du trijumeau vers la racine antérieure du pneumogastrique chez le merlan. Ce rameau, dont l'existence n'a pas encore été signalée, mérite de fixer l'attention. Il naît de la racine postérieure du trijumeau, se porte d'avant en arrière en suivant une direction à peu près horizontale, passe en dehors du nerf acoustique, contre lequel il se trouve appliqué, et va se terminer dans la racine antérieure du pneumogastrique, dont il partage ensuite le trajet descendant.

Je me suis demandé quelle est la nature de cette branche, si elle est particulière au merlan, ou bien, au contraire, si elle existe aussi chez d'autres poissons. Il résulte de mes investigations qu'elle doit être considérée comme l'homologue du faisceau récurrent, qui, chez les cyprins, s'étend du trijumeau vers le pneumogastrique et vers le premier nerf spinal. Reste à prouver la valeur de cette assertion. Entre le faisceau récurrent des cyprins et la branche récurrente du merlan, il existe en effet des différences assez tranchées : le premier est généralement d'un volume très-considérable, il passe en dedans du nerf acoustique et il se prolonge jusqu'au premier nerf spinal; la seconde est très-grêle, elle passe en dehors du nerf acoustique et elle ne s'étend pas au delà de la racine antérieure du pneumogastrique.

Ces différences sont loin pourtant d'avoir l'importance que l'on serait tenté de leur attribuer.

Celles qui sont relatives au volume ne sauraient fournir matière à aucune objection sérieuse, puisque chez les cyprins eux-mêmes le faisceau récurrent offre des dimensions extrêmement variables, il peut même disparaître complétement comme chez la tanche.

L'anastomose du faisceau récurrent avec le premier nerf spinal chez les cyprins ne constitue pas non plus une différence essentielle. Son absence chez le merlan s'explique aisément par l'état rudimentaire de la branche récurrente. Chez quelques cyprins, du reste (le gardon par exemple), on voit déjà la branche anastomotique du faisceau récurrent avec le premier nerf spinal réduite à de très-faibles proportions, ce qui est un indice de sa tendance à disparaître.

Les rapports différents de la branche récurrente avec le nerf acoustique chez le merlan et chez les cyprins paraissent au premier abord plus difficiles à expliquer. Comment admettre, en effet, que deux branches homologues puissent se trouver situées, l'une en dehors et l'autre en dedans des mêmes racines nerveuses (celles du nerf auditif) ?

La connaissance des variations du rameau récurrent chez les cyprins peut servir à répondre à cette objection.

Chez le nase, le faisceau récurrent, qui est d'un volume assez considérable, passe tout entier en dedans des branches du nerf acoustique, sans contracter avec celles-ci aucune anastomose. Après avoir donné une forte branche à la racine antérieure du pneumogastrique, il passe au-dessous de la racine postérieure de ce même nerf pour aller se terminer dans le premier nerf spinal.

Le faisceau récurrent de la brème se distingue de celui du nase par une particularité qu'il importe de signaler. Dans la première portion de son trajet, il se comporte absolument comme chez le nase ; mais au moment d'atteindre la racine postérieure du pneumogastrique, il se divise en deux faisceaux secondaires, l'un, très-grêle, qui passe au-dessous de cette racine ; l'autre, beaucoup plus volumineux, qui passe au-dessus.

Le faisceau récurrent du barbeau se distingue de celui des espèces qui précèdent, non-seulement par son volume énorme, mais surtout par ses rapports avec le nerf de l'audition. Au lieu de constituer un rameau simple, il se décompose presque dès sa naissance en un certain nombre de faisceaux secondaires, qui s'entre-croisent en manière de treillis avec les branches du nerf acoustique, de telle sorte que ces branches se trouvent situées, les unes en dehors, les autres en dedans des faiceaux du nerf récurrent. Ces faisceaux secondaires se réunissent ensuite pour constituer deux troncs de volume inégal, dont l'un se porte vers la racine antérieure du pneumogastrique et l'autre vers le premier nerf spinal en passant au-dessous de la racine postérieure du pneumogastrique.

De ces faits on peut conclure que chez les cyprins déjà le faisceau récurrent offre une tendance à s'élever sur les côtés du bulbe, de manière à enjamber successivement, pour ainsi dire, chacune des paires nerveuses qui naissent de cette partie de l'axe médullaire.

Dès lors on conçoit sans peine que chez le merlan le nerf récurrent puisse se trouver situé en dehors et au-dessus du nerf acoustique. On trouve, du reste, chez la lotte les vestiges d'une branche récurrente, dont la disposition est en quelque sorte intermédiaire à celle que je viens de décrire chez le merlan et chez les cyprins. Cette branche est représentée par un petit faisceau de fibres, qui du trijumeau se portent sur la face externe du nerf acoustique, dans l'épaisseur duquel elles ne tardent pas à disparaître. En poursuivant en arrière la direction de ces premières fibres, on voit se détacher de la branche la plus reculée du nerf acoustique un ramuscule d'une extrême finesse, qui va se jeter dans la racine antérieure du pneumogastrique.

Loin d'appartenir exclusivement aux cyprins, comme on l'a admis jusqu'ici, le faisceau récurrent du trijumeau serait donc, au contraire, une branche anastomotique, dont l'existence plus ou moins constante peut se manifester dans des types de poissons très-différents.

Il me reste à signaler, en terminant, un dernier fait très-important, je veux parler d'anastomoses qui existent chez le merlan entre le nerf récurrent et les branches du nerf de l'audition.

Au sujet des cyprins, la question de l'existence de ces anastomoses a déjà été soulevée à diverses reprises. Des anatomistes dont le nom fait autorité, tels que Bischoff, Büchner, Stannius, se sont prononcés catégoriquement pour la négative. Chez le merlan, le doute n'est plus possible, car on voit de la façon la plus distincte plusieurs filets nerveux descendre du bord inférieur de la branche récurrente pour aller se perdre dans le nerf acoustique.

Cette anastomose du trijumeau avec le nerf auditif rappelle parfaitement celles qui existent ailleurs entre deux paires nerveuses spinales consécutives.



Strasbourg, typographie de G. Silbermann.

BIBLIOTHEQUE NATIONALE DE FRANCE

www.ingramcontent.com/pod-product-compliance
Ingram Content Group UK Ltd.
Pitfield, Milton Keynes, MK11 3LW, UK
UKHW022146190726
13855UKWH00004B/1366

9 782012 961753